Aruna Sudame

Gestão de resíduos de plástico (Avert Plastic-Revert Green Planet)

Aruna Sudame

Gestão de resíduos de plástico (Avert Plastic-Revert Green Planet)

ScienciaScripts

Imprint

Any brand names and product names mentioned in this book are subject to trademark, brand or patent protection and are trademarks or registered trademarks of their respective holders. The use of brand names, product names, common names, trade names, product descriptions etc. even without a particular marking in this work is in no way to be construed to mean that such names may be regarded as unrestricted in respect of trademark and brand protection legislation and could thus be used by anyone.

Cover image: www.ingimage.com

This book is a translation from the original published under ISBN 978-620-7-65033-0.

Publisher:
Sciencia Scripts
is a trademark of
Dodo Books Indian Ocean Ltd. and OmniScriptum S.R.L publishing group

120 High Road, East Finchley, London, N2 9ED, United Kingdom
Str. Armeneasca 28/1, office 1, Chisinau MD-2012, Republic of Moldova, Europe
Printed at: see last page
ISBN: 978-620-7-71427-8

Gestão de resíduos de plástico

(Avert Plastic -Revert Green Planet)

Aruna M Sudame

Professor Associado

Departamento de Química Aplicada

Faculdade de Engenharia G H Raisoni, Nagpur

Prefácio

Este livro foi escrito exclusivamente para estudantes de vários ramos de engenharia, especialmente de gestão de resíduos, tendo em conta as suas necessidades profissionais.

Neste livro, todas as informações relacionadas com o plástico, os seus tipos, propriedades, aplicação, impacto no ser humano, animal e métodos de gestão.

Os produtos de plástico tornaram-se parte integrante da nossa vida quotidiana como uma necessidade básica. São produzidos em grande escala em todo o mundo e a sua produção ultrapassa os 170 milhões de toneladas por ano a nível mundial. Na Índia, são consumidos anualmente cerca de 10 milhões de toneladas de produtos de plástico, prevendo-se que aumentem 15 milhões de toneladas até 2025. A sua vasta gama de aplicações é constituída por películas de embalagem, materiais de acondicionamento, sacos de compras e de lixo, recipientes para líquidos, vestuário, brinquedos, produtos domésticos e industriais e materiais de construção. É um facto que os plásticos nunca se degradam e permanecem na paisagem durante vários anos.

Agradecimentos

Quero exprimir a minha gratidão aos meus falecidos pais, que foram sempre uma fonte de inspiração para o percurso da minha vida.

Agradeço sinceramente o encorajamento e o apoio moral dos meus filhos e dos membros da minha família. Gostaria de expressar o meu sincero apreço pelos meus alunos, que sempre me motivaram a realizar estas actividades, e agradeço também à agência editorial.

Conteúdo

Capítulo 1: Introdução

Nas últimas décadas, os plásticos revolucionaram a nossa vida quotidiana. Globalmente, utilizamos mais de 260 milhões de toneladas de plástico por ano, o que representa cerca de 8% da produção mundial de petróleo. Ao mesmo tempo, examinamos as consequências ambientais resultantes da acumulação de resíduos de plástico, os efeitos dos detritos de plástico na vida selvagem e as preocupações com a saúde humana decorrentes da produção, utilização e eliminação de plásticos, utilizando alguns métodos convencionais e novos.

A maioria dos produtos de consumo utilizados atualmente é composta por alguma forma de plástico. A nível mundial, são produzidas anualmente quase 280 milhões de toneladas de materiais plásticos, grande parte das quais acaba em aterros ou nos oceanos. Os plásticos são produzidos pela conversão de produtos naturais ou por síntese a partir de produtos químicos primários, geralmente provenientes do petróleo, do gás natural ou do carvão. Na sociedade contemporânea, o plástico atingiu um estatuto fundamental, com vastas aplicações comerciais, industriais, medicinais e municipais. Afecta pelo menos 267 espécies em todo o mundo, incluindo 86% de todas as espécies de tartarugas marinhas, 44% de todas as espécies de aves marinhas e 43% de todas as espécies de mamíferos marinhos. Os animais marinhos são afectados principalmente por ingestão, emaranhamento e subsequente estrangulamento. Verificou-se que a ingestão de detritos plásticos reduz a capacidade do estômago, dificulta o crescimento, provoca lesões internas e cria bloqueios intestinais. O emaranhamento de plásticos com redes ou outros materiais pode resultar em estrangulamento, redução da eficiência alimentar e mesmo afogamento. A poluição por plásticos facilita o transporte de espécies para outras regiões, as espécies exóticas apanham boleia em detritos flutuantes e invadem novos ecossistemas, causando assim uma mudança na composição das espécies ou mesmo a extinção de outras espécies. A legislação, que proíbe a eliminação de plásticos no mar, a introdução de plásticos biodegradáveis, a reciclagem de plásticos e as campanhas de sensibilização do público para desencorajar a deposição de lixo no mar são várias formas de minimizar este problema. Outras medidas correctivas incluem a aplicação da legislação ambiental, o desenvolvimento de conhecimentos autóctones e locais para a gestão dos resíduos de plástico e o desenvolvimento e aplicação de normas de qualidade para todos os produtos reciclados de plástico.

Capítulo 2: Plástico

2.1 História, origem e características do plástico

Os plásticos são utilizados diariamente em todo o mundo. A palavra plástico é um termo comum utilizado para muitos materiais de natureza sintética ou semi-sintética. O termo deriva do grego plastikos, que significa "adequado para moldagem". Os plásticos são uma grande variedade de combinações de propriedades quando vistos como um todo. São utilizados para a goma-laca, a celulose, a borracha e o asfalto. Também fabricamos sinteticamente artigos como vestuário, embalagens, automóveis, eletrónica, aviões, material médico e artigos recreativos. A lista poderia continuar e é óbvio que muito do que temos atualmente não seria possível sem os plásticos.

A celulose vegetal foi a matéria-prima dos primeiros plásticos e, com o pico do petróleo a aproximar-se, está a ser novamente considerada como base para uma nova geração de plásticos "verdes". Mas a maioria dos plásticos actuais é feita de moléculas de hidrocarbonetos - pacotes de carbono e hidrogénio - derivadas da refinação do petróleo e do gás natural. Consideremos o etileno, um gás libertado no processamento de ambas as substâncias. É uma molécula sociável que consiste em quatro átomos de hidrogénio e dois átomos de carbono ligados no equivalente químico de um aperto de mão duplo. Com um pequeno empurrão químico, esses átomos de carbono libertam uma ligação, permitindo que cada um deles estenda a mão e agarre o carbono noutra molécula de etileno. Repita o processo milhares de vezes e voilà!, tem uma nova molécula gigante, o polietileno, um dos plásticos mais comuns e versáteis.

Os plásticos são geralmente plásticos orgânicos sintéticos ou semi-sintéticos de massa molecular muito elevada e podem ser moldados em objectos sólidos de várias formas e tamanhos.

Os plásticos incluem geralmente uma ligação orgânica de cadeia principal; grupos moleculares de ligação lateral e algumas misturas orgânicas e inorgânicas adicionadas como aditivos, plastificantes, cargas, etc,

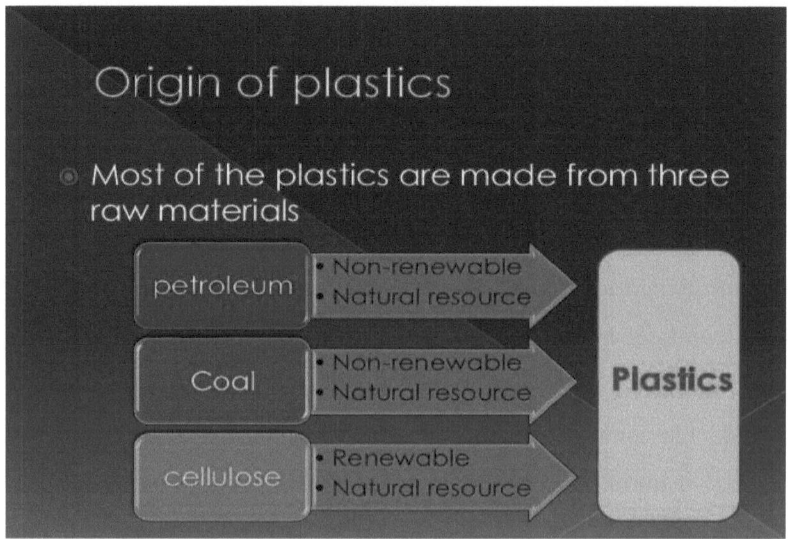

O primeiro plástico sintético foi descoberto em 1907, quando um químico belga, Dr. Leo H. Baekeland, reagiu fenol e formaldeído sob pressão, utilizando a hexametilenotetramina como catalisador da reação.

O resultado foi um plástico "fenólico" termoendurecível a que chamou BAKELITE, que era resistente à eletricidade, quimicamente estável, resistente ao calor, rígido, resistente à humidade e às intempéries

Um novo plástico semi-sintético foi apresentado por Alexander Parkes na Grande Exposição Internacional de 1862, em Londres, Inglaterra. A PARKESINE era um material orgânico constituído por nitrato de celulose e um solvente. A parkesina podia ser aquecida e moldada, mantendo a sua forma quando arrefecida, e era moldada em produtos como botões, pentes e molduras.

2.2.   Cada tipo de plástico tem características muito distintas,

• Os plásticos podem ser muito resistentes aos produtos químicos e à corrosão.

• Os plásticos podem ser isolantes térmicos e eléctricos.

• Os plásticos têm uma relação resistência/peso muito elevada.

• Os plásticos podem ser altamente duráveis, resistentes à água e de baixa toxicidade.

• Os plásticos são materiais com uma gama aparentemente ilimitada de características e cores e são fáceis de fabricar.

2.2-Aditivos ,Classificação do plástico

Os aditivos são materiais que são adicionados à resina primária para melhorar a processabilidade do polímero ou o seu desempenho ou aparência de alguma forma. São utilizados com praticamente todos os polímeros, quer na fase de composição, quer durante o processamento, quando podem ser doseados através de um misturador.

.melhorar as condições de tratamento.

Aumentar a estabilidade das resinas à oxidação

.obter uma melhor resistência ao impacto

.controlar a tensão superficial

Facilitar a moldagem por extrusão

Reduzir os custos

Aumentar ou diminuir a dureza.

Existem vários aditivos que são utilizados como catalisadores, enchimentos

Catalisadores

• Estes componentes são adicionados para ajudar e acelerar o endurecimento das resinas.

• São utilizados para uma polimerização rápida e completa.

• Por exemplo, o catalisador Ziegler-Natta é utilizado na síntese de muitos polímeros de cadeias de alcenos.

Enchimentos

• As cargas são materiais inertes e conferem resistência, dureza e outras propriedades ao plástico.

•O material de enchimento pode ser utilizado como material fibroso, laminado ou de enchimento de potência.

•Os minerais normalmente utilizados como cargas incluem carbonato de cálcio, talco, sílica, argila, fibras de sulfato de cálcio, mica, contas de vidro e alumina tri-hidratada.

Plastificantes

•Os plastificantes são os compostos orgânicos que são adicionados para melhorar a plasticidade e conferir suavidade ao plástico.

•Os plastificantes normalmente utilizados no plástico são a cânfora, a triacetina, o fosfato de tributilo, etc.

Estabilizadores

•Os estabilizadores de polímeros prolongam a vida útil do polímero, suprimindo a degradação resultante da luz UV, da oxidação e de outros fenómenos.

•Por exemplo, o fosfito de Tris (2,4-di-tert-butilfenil) é um estabilizador muito utilizado na polimerização.

Corantes

•A adição de corantes e pigmentos ajuda de duas formas, nomeadamente, actuam como enchimentos e conferem a cor desejada ao plástico.

•Os pigmentos normalmente utilizados são o óxido de zinco, a barita, etc.

Lubrificantes

•Os lubrificantes são aplicados na superfície dos moldes para que os objectos de plástico não adiram aos moldes.

•A aplicação de lubrificantes na superfície dos moldes permite retirar facilmente os objectos de plástico dos moldes.

• Os lubrificantes normalmente utilizados são a grafite, a parafina, a cera, etc.

Retardadores de chama

• Estes são adicionados durante o processo para remover radicais que propagam o fogo, como H, OH e outros.

• Os retardadores de chama comummente utilizados nos plásticos são os bromados (BRF) e outros compostos organo-halogenados.

Solventes

• Estes componentes são adicionados para dissolver os plastificantes.

• Por exemplo, o álcool é adicionado em plásticos de nitrato de celulose para dissolver a cânfora.

Classificação do plástico

Os plásticos podem ser classificados em termos gerais com base na sua

A. Comportamento térmico

B. A sua estrutura,

C. Propriedades físicas e químicas

D. Tipos de resinas.

A. Com base no seu comportamento térmico, os plásticos podem ser classificados em dois tipos.

1. plástico termoendurecível - A variedade de termoplásticos amolece com o calor e endurece quando arrefece. Pode ser utilizada por remodelação tantas vezes quantas as necessárias

Propriedades

- Pode fundir-se antes de passar ao estado gasoso.

- Permite a deformação plástica quando é aquecido.

- A composição química não se altera com o aquecimento.

- São frágeis e brilhantes.

- São solúveis em certos solventes.

- Incham na presença de certos solventes.

- Boa resistência à deformação.

Exemplos:

Polietileno, Polipropileno, Poliestireno, Acrílicos,

Teflon, Policarbonato Nylon, Acrilonitrilo-butadieno

Estireno.

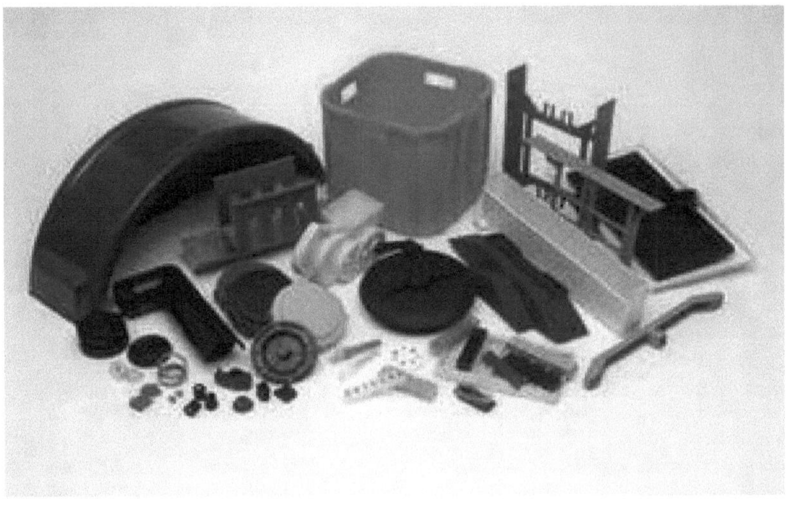

2. plásticos termoendurecíveis

Os plásticos termoendurecíveis não podem ser reutilizados. Esta variedade requer uma grande pressão e calor momentâneo durante a moldagem, que endurece no arrefecimento.

Propriedades

Estes são solúveis em álcool e em certos solventes orgânicos, quando se encontram no estado termoplástico. Esta propriedade é utilizada para o fabrico de tintas e vernizes a partir destes plásticos.

• Sofrem um processo químico irreversível.

• São duráveis, fortes e resistentes.

• Estão disponíveis numa variedade de cores bonitas

• São principalmente utilizados em aplicações de engenharia de plásticos

Exemplo: Epóxis, poliuretano, poliésteres insaturados, silicones fenólicos

Com base na sua estrutura, o plástico pode ser classificado em dois tipos:

1. Plástico homogéneo - Estes plásticos são compostos apenas por átomos de hidrocarbonetos e apresentam uma estrutura homogénea. Exemplos: Polietileno Polipropileno Poliestireno

2. Plásticos heterogéneos - Estes plásticos são compostos por cadeias que contêm carbono, hidrogénio, oxigénio, azoto e outros elementos e apresentam uma estrutura heterogénea. Exemplos: politetrafluoroetileno, poliamidas ou nylons, cloreto de polivinilo, acrilonitrilo butadieno estireno.

C. Classificação com base nas propriedades físicas e químicas.

Plásticos rígidos

Estes plásticos têm um elevado módulo de elasticidade e mantêm a sua forma sob tensões exteriores aplicadas a temperaturas normais ou moderadamente elevadas.

Plásticos semi-rígidos

Estes plásticos têm um módulo de elasticidade médio e o alongamento sob pressão desaparece completamente quando a pressão é removida.

Plásticos moles

Estes plásticos têm um baixo módulo de elasticidade e o alongamento sob

A pressão desaparece lentamente, quando a pressão é retirada.

Elastómeros

Estes plásticos são materiais macios e elásticos com um baixo módulo de elasticidade.

Deformam-se consideravelmente sob carga à temperatura ambiente e voltam a deformar-se

A sua forma original, quando a carga é libertada.

As extensões podem atingir até dez vezes as suas dimensões originais.

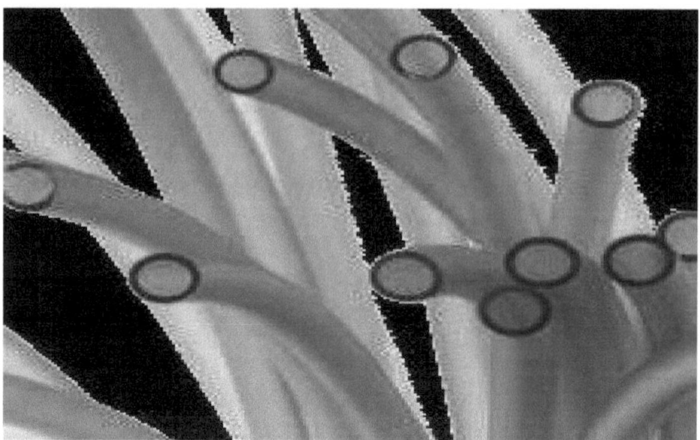

Politereftalato de etileno   (PET)

Introduzido por J. Rex Whinfield e James T. Dickson em 1940, este plástico é um dos mais utilizados no planeta. Curiosamente, foram necessários mais 30 anos para que fosse utilizado em garrafas de bebidas cristalinas, como as produzidas pela Coca-Cola e pela Pepsi. Os plásticos PET constituem 96% de todas as garrafas e recipientes de plástico nos Estados Unidos, mas apenas 25% destes produtos são reciclados. Ao estar atento e certificar-se de que recicla os plásticos de código 1, está a ajudar a garantir um ambiente mais limpo e menos poluição nos aterros.

O PET é um excelente material de barreira à humidade e à água.

Permeabilidade ao oxigénio, peso leve, semirrígido, robusto e

resistente ao impacto, higroscópico por natureza

Polietileno de alta densidade (HDPE)

Em 1953, Karl Ziegler e Erhard Holzkamp utilizaram catalisadores e baixa pressão para criar o polietileno de alta densidade. Foi utilizado pela primeira vez em tubos de esgotos pluviais, drenos e bueiros. Atualmente, este plástico é utilizado para uma grande variedade de produtos.

O PEAD é o plástico mais comummente reciclado porque não se quebra quando exposto a calor ou frio extremos. De acordo com a EPA, 12% de todos os produtos de PEAD criados são reciclados num ano. As propriedades físicas do PEAD podem variar consoante o processo de moldagem utilizado para fabricar uma amostra específica de um material forte e dimensionalmente estável.

Policloreto de vinilo (PVC)

O PVC é um dos materiais sintéticos mais antigos na produção industrial. Na verdade, foi descoberto acidentalmente duas vezes: uma em 1838 pelo físico francês Henri Victor Regnault e outra em 1872 pelo químico alemão Eugen Baumann. Em ambas as ocasiões, estes homens encontraram-no dentro de frascos de cloreto de vinilo deixados expostos à luz solar. O PVC é um dos materiais menos reciclados; geralmente, menos de 1% do plástico PVC é reciclado todos os anos. Tem sido chamado de "plástico venenoso" porque contém numerosas toxinas e é prejudicial para a nossa saúde e para o ambiente. Leve, forte, resistente ao fogo com excelentes propriedades isolantes, baixa permeabilidade, facilmente processado. Boa resistência às intempéries.

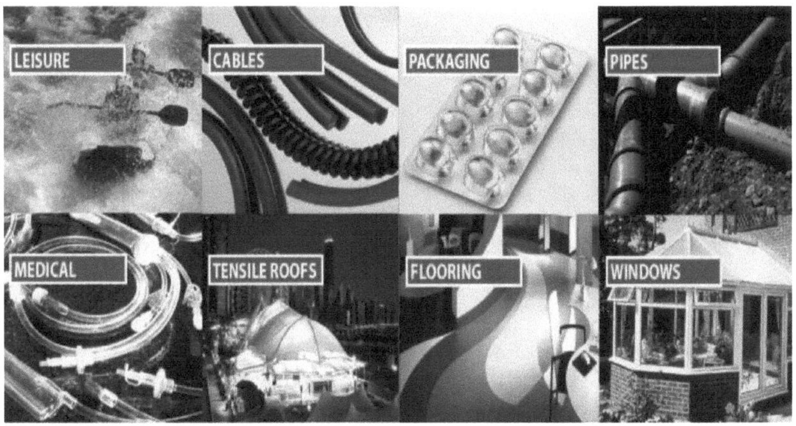

Polietileno de Baixa Densidade (LDPE)

O LDPE foi o primeiro polietileno a ser produzido, o que faz dele o padrinho do material. Tem menos massa do que o PEAD, razão pela qual é considerado um material separado para reciclagem. As embalagens e os recipientes feitos de PEBD constituem cerca de 56% de todos os resíduos de plástico, 75% dos quais provêm de residências. Felizmente, muitos programas de reciclagem estão a evoluir para lidar com estes produtos. Isto significa que menos PEBD acabará em aterros e afectará negativamente o ambiente. O PEBD é definido por um intervalo de densidade de 0,917-0,930 g/cm^3

Pode suportar temperaturas de 80 °C continuamente e 90 °C (194 °F) durante um curto período de tempo. Não é reativo à temperatura ambiente, exceto por agentes oxidantes fortes, e alguns solventes provocam inchaço.

* elevada capacidade de resistência

Polipropileno (PP)

J. Paul Hogan e Robert L. Banks da Phillips Petroleum Company descobriram o polipropileno em 1951. Na altura, estavam simplesmente a tentar converter propileno em gasolina, mas em vez disso descobriram um novo processo catalítico para fabricar plástico. Apenas cerca de 3% dos produtos de polipropileno são reciclados nos EUA, mas, curiosamente, durante um ano foram recolhidos para reciclagem 325 milhões de libras de plásticos que não garrafas. Por outras palavras, muito deste plástico é criado, mas apenas uma pequena fração é efetivamente reciclada Rígido opaco Flexível baixa densidade resistência eléctrica e à abrasão boa estabilidade dimensional a altas temperaturas e humidade resistente e leve excelente resistência química Resistência às intempéries

Poliestireno ou esferovite (PS)

Em 1839, o boticário alemão Eduard Simon encontrou acidentalmente o poliestireno enquanto preparava medicamentos.

Isolou uma substância da resina natural e não se apercebeu do que tinha descoberto. Foi necessário o químico alemão Hermann Staudinger investigar este polímero e desenvolver as suas utilizações. O poliestireno é leve e fácil de transformar em materiais plásticos, mas também se parte sem esforço, o que o torna mais nocivo para o ambiente. As praias de todo o mundo estão repletas de pedaços de poliestireno, pondo em perigo a saúde dos animais marinhos. O poliestireno é responsável por cerca de 35% dos materiais depositados em aterros nos EUA.

Rígida ou espumada, transparente e dura, resina barata facilmente processada, boa resistência à deformação e à abrasão, transparente ou pode ser colorida com corantes <u>Propriedades do Teflon:-</u>

Utilizações e propriedades do teflon

1. os produtos químicos incluem o ozono, o cloro, o ácido acético, o amoníaco, o ácido sulfúrico e o ácido clorídrico. Os revestimentos são afectados por metais alcalinos fundidos e agentes fluorinizantes altamente reactivos.

2. É resistente às intempéries e aos raios UV

3. Possui excelentes propriedades ópticas

4. É antiaderente Muito poucas substâncias sólidas podem aderir permanentemente a um revestimento de Teflon, enquanto os materiais pegajosos podem mostrar alguma aderência, quase todas as substâncias se libertam facilmente do revestimento.

5. Tem um desempenho excecional a temperaturas extremas. O teflon pode resistir temporariamente a temperaturas de 260C e a temperaturas criogénicas de -240C, possuindo então as mesmas

propriedades químicas, com um ponto de fusão inicial de 342C (+-10C).

6. Tem um baixo coeficiente de atrito. O coeficiente de atrito é o rácio da força necessária para fazer deslizar duas superfícies uma sobre a outra. Um baixo coeficiente de atrito equivale a uma baixa resistência e a um funcionamento suave. Assim, não há dificuldade em fazer deslizar uma superfície sobre a outra. O coeficiente de atrito do Teflon situa-se geralmente entre 0,05 e 0,20, dependendo da carga, da velocidade de deslizamento e do tipo de revestimento de Teflon utilizado.

7. Os acabamentos em teflon são hidrofóbicos e oleofóbicos, o que torna a limpeza mais fácil e mais completa.

8. Em muitas frequências diferentes, com baixo fator de dissipação e elevada resistividade superficial, o teflon tem uma elevada rigidez dieléctrica. A alta tensão que o material isolante pode suportar antes de se romper é a sua rigidez dieléctrica. Além disso, o teflon tem um baixo fator de dissipação, ou seja, a percentagem de energia eléctrica absorvida e perdida quando a corrente é aplicada a um material isolante. Um fator de dissipação baixo indica que a energia absorvida e dissipada sob a forma de calor é baixa. A elevada resistividade superficial indica a resistência eléctrica entre arestas opostas de um quadrado unitário na superfície de um material isolante.

As várias aplicações de mercado do Teflon incluem

1. Na indústria eletrónica, é utilizado devido à sua propriedade de isolamento em fios e componentes de sistemas, bem como devido ao seu excelente desempenho elétrico e durabilidade.

2. Utilizado para acabamento de metais, tintas e revestimentos, como aditivos de farinha podem ser adicionados para reduzir o desgaste em superfícies de suporte de carga. Por exemplo, em tintas e impressão litográfica, termoplásticos e engrenagens moldadas, superfícies industriais de proteção, lubrificantes para engrossar, embalagens esterilizadas, etc.

Utilizações como sacos de ar para automóveis

3. Em dispositivos ópticos, uma vez que pode ser utilizado como revestimento transparente, exigindo um baixo índice de refração e ainda funcionar em ambientes químicos agressivos numa vasta gama de temperaturas de utilização e ondas de luz (UV-IR). Por exemplo, pode ser encontrado em lâmpadas cirúrgicas leves, vidros de células fotovoltaicas, etc.

4. Nos automóveis, é utilizado como sistema de airbag, barreira de permeabilidade da mangueira de combustível, sistema de combustível, chassis, sistemas de travagem, filtro de óleo, etc.

5. Utilizado como revestimento antiaderente em aparelhos de cozinha como panelas, forno, tawa, uma vez que é antiaderente e tem um desempenho excecional a altas temperaturas.

NYLON

O nylon pertence a uma família de polímeros sintéticos conhecida como poliamida. Foi introduzido pela primeira vez por Wallace Carothers em 28 de fevereiro de 1935. O Nylon 6,6 é uma poliamida produzida por policondensação de ácido adípico metilenodiamina e contém um total de 12 átomos de carbono em cada unidade de repetição.

As propriedades que tornam as poliamidas adequadas para aplicações plásticas são a resistência à dureza, estabilidade térmica, boa aparência, resistência a produtos químicos, etc. As vantagens do Nylon 66 são

Propriedades do Nylon 66

1. o nylon 6,6 possui uma excelente resistência à abrasão e um elevado ponto de fusão

2. nylon 6,6 tem alta resistência à tração e apresenta apenas metade do encolhimento no vapor.

3. Também oferece uma resistência muito boa à degradação fotográfica.

4. o nylon 6,6 também tem boas vantagens em relação aos produtos industriais, porque reduz a sensibilidade à humidade nos produtos em bruto e tem uma elevada estabilidade dimensional e ponto de fusão.

O que torna o nylon 6,6 resistente ao calor e à fração e lhe permite suportar o calor para retenção é o facto de ter um ponto de fusão de 268 graus C para uma fibra sintética de alta qualidade. As propriedades físicas do nylon 6,6 são as seguintes

1. O nylon 6,6 tem uma unidade de repetição com peso molecular de 226,32 g/mol e densidade cristalina de 1,24 g/(cm)^3 .

2. o nylon 6,6 tem longas cadeias moleculares que resultam em mais ligações de hidrogénio, criando molas químicas e tornando-o muito resistente .

3. O nylon 6,6 é um sólido amorfo, pelo que tem uma grande propriedade elástica e é ligeiramente solúvel em água a ferver.

4.Nylon 6,6 é muito estável na natureza.

5. O nylon 6,6 é muito difícil de tingir mas, uma vez tingido, tem uma elevada solidez da cor e é menos suscetível de desbotar.

6. As suas propriedades químicas não permitem que seja afetado por solventes como a água, o álcool, etc.

Aplicação de Nylon 6,6

As aplicações do Nylon 6,6 são: por ser um material leve, o Nylon é utilizado em para-quedas.

O nylon 6,6 é impermeável por natureza, pelo que também é utilizado no fabrico de fatos de banho.

O facto de o nylon 6,6 ter um ponto de fusão elevado torna-o mais resistente ao calor e à fricção, pelo que é adequado para ser utilizado em aeroportos, escritórios e outros locais mais sujeitos a desgaste.

> O nylon 6,6, sendo impermeável por natureza, é utilizado para fabricar peças de máquinas. Também é utilizado nos seguintes produtos: airbags, tapetes, cordas, mangueiras, etc. Assim, o nylon 66 é uma criação muito útil para a humanidade

BaKelite

A baquelite é um polímero constituído pelos monómeros fenol e formaldeído. Esta resina fenol-formaldeído é um polímero termoendurecível. A baquelite é a designação comercial do polímero obtido pela polimerização do fenol e do formaldeído.

Estes são um dos polímeros mais antigos sintetizados pelo homem. O fenol reage com o formaldeído. A reação de condensação dos dois reagentes num meio ácido ou básico controlado resulta na formação de orto e para hidroximetilfenóis e seus derivados.

Pode ser rapidamente moldado.

É possível obter uma moldagem muito suave com este polímero.

As molduras de baquelite são resistentes ao calor e aos riscos.

São também resistentes a vários solventes destrutivos.

Devido à sua baixa condutividade eléctrica, a baquelite é resistente à corrente eléctrica.

- Utilizações da baquelite

- No que diz respeito às utilizações da baquelite, uma vez que este elemento tem uma baixa condutividade eléctrica e uma elevada resistência ao calor, pode ser utilizado no fabrico de interruptores eléctricos e de peças de máquinas de sistemas eléctricos. É um polímero termoendurecível e a baquelite tem uma elevada resistência, o que significa que mantém basicamente a sua forma mesmo após uma moldagem extensiva. As resinas fenólicas são também amplamente utilizadas como adesivos e agentes de ligação. São ainda utilizadas para fins de proteção, bem como na indústria de revestimentos.

- Além disso, a baquelite tem sido utilizada para fabricar as pegas de uma grande variedade de utensílios. É um dos polímeros mais comuns e importantes que são utilizados para fabricar diferentes partes de muitos objectos.

Aplicação de Engenharia de Plásticos e Medicina

- Automóvel
- Máquinas industriais
- Dispositivos médicos
- Construção de edifícios
- Eletricidade e eletrónica

- Bens de consumo
- Embalagem
  Suportes ópticos
- Engenharia-construção

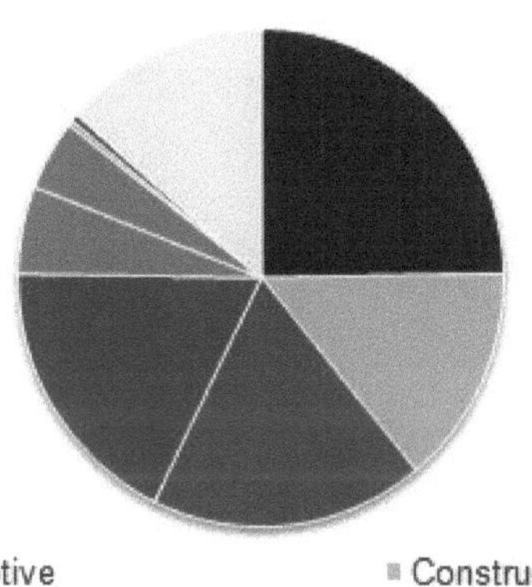

Os plásticos são utilizados numa gama crescente de aplicações na indústria da construção. Têm uma grande versatilidade e combinam uma excelente relação força/peso, durabilidade, rentabilidade, baixa manutenção e resistência à corrosão, o que torna os plásticos uma escolha economicamente atractiva em todo o sector da construção.

- Plásticos em aplicações eléctricas e electrónicas
- A eletricidade alimenta quase todos os aspectos das nossas vidas, em casa e nos nossos empregos, no trabalho e no lazer. E onde quer que encontremos eletricidade, também encontramos plásticos. Na cozinha, há os aparelhos que poupam trabalho e sem os quais não poderíamos viver: máquinas de lavar roupa, fornos micro-ondas, chaleiras. Na sala de estar, a televisão, o vídeo ou o sistema de música, enquanto

no trabalho, podemos utilizar um computador, um fax ou um telefone. Os plásticos tornam possível o progresso, tornando os aparelhos eléctricos mais seguros, mais leves, mais atraentes, mais silenciosos, mais ecológicos e mais duráveis.

A indústria britânica dos plásticos emprega cerca de 200 000 pessoas e tem um volume de negócios superior a 13 mil milhões de libras por ano. Em 1992, foram utilizadas 367 500 toneladas de plásticos em aplicações eléctricas e electrónicas

Plástico para embalagens

O plástico é o material perfeito para ser utilizado na embalagem de produtos. O plástico é versátil, higiénico, leve, flexível e altamente durável. Representa a maior utilização de plásticos a nível mundial e é utilizado em inúmeras aplicações de embalagem, incluindo recipientes, garrafas, tambores, tabuleiros, caixas, copos e embalagens de venda automática, produtos para bebés e embalagens de proteção.

Transporte

O transporte seguro e rentável de pessoas e bens é vital para a nossa economia. A redução do peso dos <u>automóveis, aviões</u>, barcos e comboios pode reduzir drasticamente o consumo de combustível.

Os compósitos aeroespaciais são largamente utilizados nos painéis de jactos e helicópteros militares, bem como em revestimentos de asas, naceles, carenagens, flaps e pás de rotor de helicópteros em aplicações comerciais. Os plásticos também se encontram nos interiores das aeronaves, por exemplo, nas anteparas, cozinhas, escadas, assentos e pavimentos.

Painéis para motores e carruagens, pavimentos, porta-bagagens, assentos e portas.

Peças para embarcações marítimas

Aplicação médica-

Acessórios intravenosos e respiratórios

Filtros dos laboratórios e caixas de filtros

Dispositivos de diagnóstico e tubos de colheita de sangue

Equipamentos de separação e componentes de diálise

Cateteres, invólucros de plástico para comprimidos

Luvas cirúrgicas e de exame

Talas insufláveis, máscara de inalação

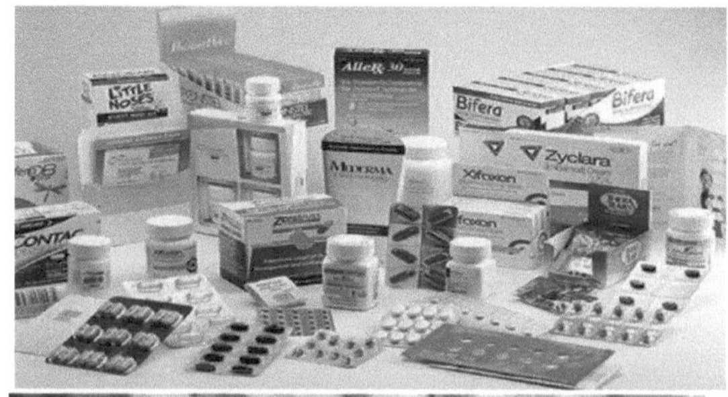

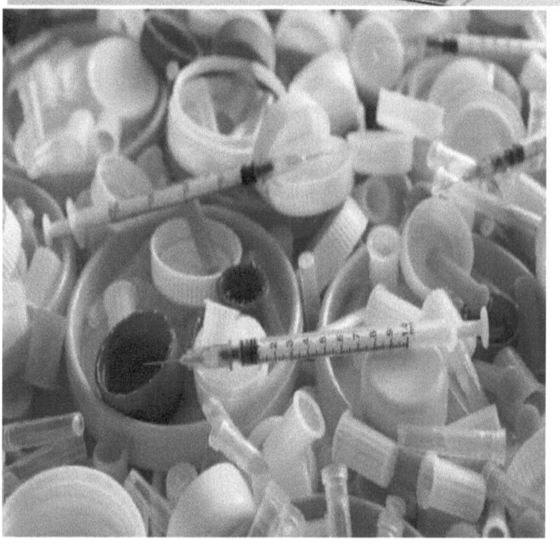

Os cuidados de saúde modernos não seriam possíveis sem a utilização de materiais plásticos. Desde o invólucro de uma máquina de ressonância magnética aberta até aos tubos mais pequenos, os plásticos tornaram os cuidados de saúde mais simples e menos dolorosos. Coisas que tomamos por garantidas, como seringas descartáveis, sacos de sangue intravenoso e válvulas cardíacas, são agora feitas de plástico. Os plásticos reduziram o peso das armações e das lentes dos óculos. São componentes essenciais dos dispositivos protésicos modernos que oferecem maior flexibilidade, conforto e mobilidade.

Os plásticos permitem que as ancas e os joelhos artificiais proporcionem um funcionamento suave e articulações sem problemas. propriedades, leveza, baixo custo, durabilidade e <u>transparência</u>, são ideais para aplicações médicas. Os procedimentos médicos mais inovadores da atualidade dependem dos plásticos.

Tradicionalmente, os metais, o vidro e a cerâmica eram utilizados para implantes, dispositivos e suportes médicos. No entanto, os polímeros são mais adequados para estas aplicações, uma vez que oferecem menor peso, melhor biocompatibilidade e menor custo. As fibras e resinas utilizadas em aplicações médicas incluem o cloreto de polivinilo (PVC), o polipropileno (PP), o polietileno (PE), o poliestireno (PS), bem como <u>o nylon</u>, o tereftalato de polietileno (PET), a poliimida (PA), o policarbonato (PC), o acrilonitrilo-butadieno (ABS), a polieteretercetona (PEEK) e o poliuretano (PU). O material plástico mais utilizado em aplicações médicas é o PVC, seguido do PE, PP, PS e PET. O PVC é mais utilizado em aplicações médicas pré-esterilizadas de utilização única. É um plástico versátil que tem sido utilizado em aplicações médicas há mais de 50 anos.

Tubos finos c Para desobstruir os vasos sanguíneos, são utilizados tubos finos denominados cateteres. O depósito que obstrui os vasos pode ser desfeito com um pequeno implante em forma de espiral chamado suporte de vaso. O suporte de vasos é feito de um plástico desenvolvido especificamente para a área médica e carregado com substâncias activas.

Os invólucros de plástico para comprimidos são feitos de polímeros à base de ácido tartárico que se decompõem gradualmente, libertando lentamente a medicação necessária durante o período de tempo necessário. Estes sistemas de administração de produtos farmacêuticos feitos à medida ajudam a limitar a quantidade de comprimidos que um doente tem de tomar para obter a dose necessária.

Os materiais sintéticos também podem desempenhar um papel importante na reparação de artérias doentes que não podem ser ajudadas através do suporte de vasos. Após a remoção da secção afetada da aorta, a secção danificada é removida e o espaço é colmatado por uma prótese de plástico flexível. As pessoas com deficiências auditivas graves podem agora colocar implantes de plástico que lhes permitem ouvir novamente o som. O implante é constituído por vários componentes, incluindo um microfone e um dispositivo de transmissão que está ligado a um microcomputador usado no corpo. Além disso, existe um estimulador e um suporte de eléctrodos com 16 eléctrodos e 16 gamas de frequência diferentes. Este dispositivo transforma os impulsos acústicos em impulsos eléctricos, contornando as células danificadas e estimulando diretamente o nervo auditivo.

Fontes de resíduos de plástico

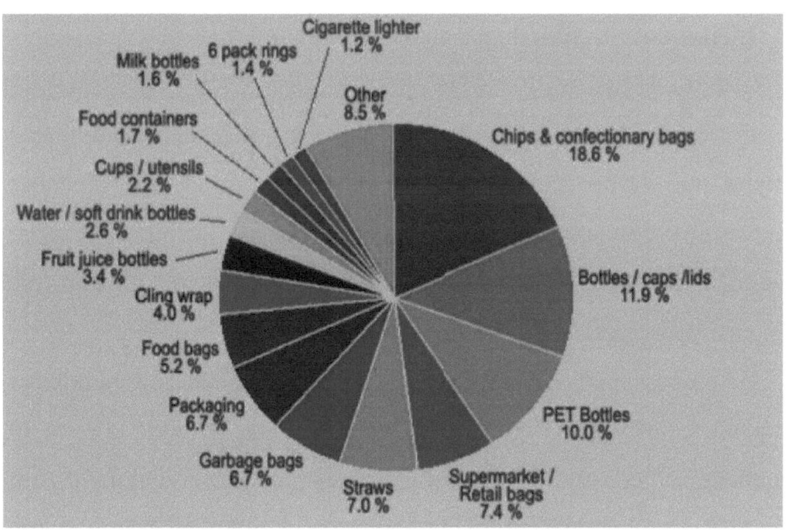

Os resíduos de plástico são a acumulação de objectos de plástico no ambiente terrestre que afectam negativamente o habitat da vida selvagem e os seres humanos.

Os plásticos t que, como   poluentes podem   podem   ser   podem ser categorizados em micro, meso ou macro detritos, com base no tamanho. incómodo do que um perigo, uma vez que o material é biologicamente bastante inerte. A principal desvantagem do plástico é a quantidade de tempo que leva para se decompor - a média de plásticos leva Fontes municipais: que inclui residências, mercados, estabelecimentos comerciais, hotéis, hospitais, etc.,

Distribuição e fontes industriais: que incluem indústrias alimentares e químicas, películas de embalagem, etc., Outras fontes: que incluem automóveis, resíduos agrícolas, pesca e expedição, detritos de construção, etc.

Efeitos dos resíduos de plástico

Os materiais sintéticos também podem desempenhar um papel importante na reparação de artérias doentes que não podem ser ajudadas através do suporte de vasos. Após a remoção da secção afetada da aorta, a secção danificada é removida e o espaço é colmatado por uma prótese de plástico flexível.

As pessoas com deficiências auditivas graves podem agora colocar implantes de plástico que lhes permitem voltar a ouvir o som. O implante é constituído por vários componentes, incluindo um microfone e um dispositivo de transmissão que está ligado a um microcomputador usado no corpo. Além disso, existe um estimulador e um suporte de eléctrodos com 16 eléctrodos e 16 gamas de frequência diferentes. Este dispositivo transforma os impulsos acústicos em impulsos eléctricos, contornando as células danificadas e estimulando diretamente o nervo auditivo, e está atualmente a ser utilizado pela indústria médica de algumas formas inovadoras. Uma empresa chamada Robohand® está a utilizar Makerbots® para criar mãos protésicas que são significativamente mais baratas do que as próteses tradicionais. Os técnicos também podem agora imprimir <u>reproduções 3D</u> exactas de partes específicas do corpo utilizando exames de uma máquina de ressonância magnética. Este processo permite aos cirurgiões prepararem-se para cirurgias complicadas de uma forma totalmente nova. Existe também toda uma gama de produtos médicos descartáveis de plástico, incluindo arrastadeiras, canetas de insulina, tubos intravenosos, acessórios para tubos, copos e jarros de plástico, tapa-olhos, luvas cirúrgicas e de exame, talas insufláveis, máscaras de inalação, tubos para diálise, batas descartáveis, toalhetes e conta-gotas, produtos para continência urinária e ostomia

Muitos efeitos adversos para a saúde humana devem-se à presença de aditivos utilizados no fabrico de plásticos. Por exemplo, os plastificantes são utilizados como aditivos para dar flexibilidade ao PVC. Os três aditivos para plásticos mais frequentemente citados são :

Efeitos na saúde humana

BISFENOL A - Actua como desregulador endócrino em humanos

Causa cancro da tiroide, osteoporose, hipo e hipertensão

PTHALATO OU PLASTICIZADOR- Reprodução, malformações, perturbações do desenvolvimento, provoca efeitos no sistema pulmonar, incluindo alergias à asma

RETARDANTES DE CHAMA - Impacto no sistema imunitário, no desenvolvimento fatal e infantil Cancro, disfunção neurológica Impacto no corpo humano

Os sacos de plástico representam um perigo grave para as aves e os animais marinhos que muitas vezes os confundem com alimentos

Os sacos de plástico representam um perigo grave para as aves e os animais marinhos que muitas vezes os confundem com alimentos

Os sacos de plástico representam um perigo grave para as aves e os animais marinhos que muitas vezes os confundem com alimentos

Impactos da queima descontrolada de plástico

Aumenta o risco de doenças cardíacas

Agrava as doenças respiratórias como a asma e o enfisema

Provoca erupções cutâneas, náuseas ou dores de cabeça

Danifica o sistema nervoso

Danifica os rins e o fígado

Perturba os sistemas reprodutivo, endócrino e de desenvolvimento

Em particular, a queima de poliestireno, como copos de esferovite, pratos e tabuleiros de comida, liberta gás estireno que perturba o sistema nervoso central.

As emissões mais perigosas podem ser causadas pela queima de plásticos que contêm substâncias à base de organoclorados, como o PVC. Quando esses plásticos são queimados, são emitidas quantidades nocivas de dioxinas, um grupo de substâncias químicas altamente tóxicas. As dioxinas são as mais tóxicas para os organismos humanos. São cancerígenas, desreguladoras de hormonas e persistentes, acumulam-se na gordura do nosso corpo e, por isso, as mães transmitem-nas diretamente aos seus bebés através da placenta.

Capítulo 3: Gestão de resíduos de plástico

História da proibição do plástico na Índia

1.   Em 23rd março de 2018- Foi declarada a proibição

2.   <u>Maharashtra Plástico e Termocol Produtos (fabrico, utilização, venda, transporte, manuseamento e armazenamento) Notificação, 2018</u>

3.   Em 2 de outubro, esperava-se que a Índia anunciasse uma proibição de plástico de utilização única para seis tipos de plástico

4.   A proibição devia seguir o <u>compromisso assumido em 2018</u> pelo primeiro-ministro indiano Narendra Modi <u>de eliminar o plástico de utilização única até 2022.</u>

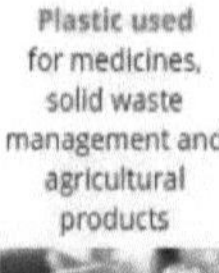

A gestão dos resíduos sólidos de plásticos deve ser efectuada de forma a reduzir a poluição ao longo do processo, melhorando assim a eficácia do procedimento e conseguindo a conservação de energia.

As tecnologias de gestão de resíduos de plástico em todo o mundo têm sido tradicionalmente divididas em quatro categorias gerais

- Reciclagem mecânica,
- Reciclagem de matérias-primas,
- Recuperação de energia e
- Deposição em aterro.

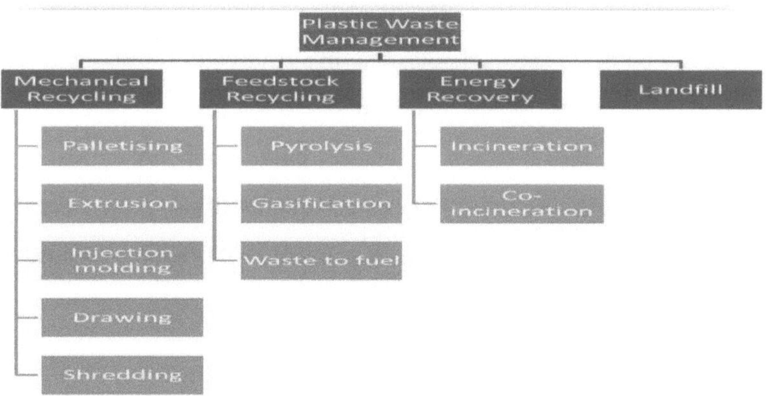

A reciclagem é o processo em que os resíduos descartados são recuperados ou valorizados, reprocessados ou refinados, para produzir novos produtos alterados.

A reciclagem do plástico depende principalmente da resina Coad dos resíduos de plástico. Uma das principais prioridades da gestão de resíduos sempre foi a reciclagem; não só nos ajuda a proteger a saúde do ambiente, como também contribui para reutilizar os resíduos de forma produtiva, reduzindo assim o espaço dos aterros sanitários

A reciclagem é o processo em que os resíduos descartados são recuperados ou valorizados, reprocessados ou refinados, para produzir novos produtos alterados.

A reciclagem de plástico depende principalmente da resina Coad dos resíduos de plástico. Uma das principais prioridades da gestão de resíduos sempre foi a reciclagem; não só nos ajuda a proteger a saúde do ambiente, como também contribui para reutilizar os resíduos de forma produtiva, reduzindo assim o espaço dos aterros sanitários. A reciclagem mecânica envolve o processamento e a conversão de resíduos ou sucata num produto com propriedades semelhantes às do produto original.

A reciclagem mecânica de plásticos envolve a recuperação de produtos a partir de sucata de plástico, mantendo a estrutura molecular original do material. Quando comparada com a reciclagem fácil e de baixo custo do vidro e com a reciclagem muito produtiva de materiais metálicos, a reciclagem de plásticos é bastante difícil, para além dos vários obstáculos técnicos a ultrapassar, devido à sua baixa densidade e ao valor do material.

Vantagens da reciclagem mecânica de plásticos

Os componentes tóxicos e os agentes patogénicos são degradados pela utilização de temperaturas elevadas. Ao utilizar os gases produzidos como combustível, é possível limitar o fornecimento de combustível externo.

Desvantagens da reciclagem mecânica de plásticos

O processo de reciclagem do plástico pode produzir COVs e emissões de carbono para a atmosfera, que são prejudiciais para a vida vegetal e animal nas proximidades. Grande parte do plástico reciclado encontra o seu novo lar como um produto menos útil, muitas vezes referido como "downcyling". Por exemplo, uma garrafa de plástico pode transformar-se em mobiliário de plástico e, por sua vez, continua a haver uma procura de plástico novo para as garrafas de plástico. Os produtos fabricados a partir de resíduos reciclados podem não ser duradouros. Depois de o plástico ter sido reciclado uma vez, raramente é adequado para uma segunda ronda de reciclagem. Aumento do custo de processamento e empregos de baixa qualidade.

Pirólise

A pirólise é a degradação termoquímica irreversível endotérmica e a decomposição de moléculas complexas de polímeros orgânicos de cadeia longa em unidades de compostos simples de cadeia curta a temperaturas superiores a 300^{0} C na ausência de oxigénio atmosférico, com ou sem a aplicação de pressão.

A pirólise dos resíduos de plástico envolve a decomposição dos plásticos em produtos das três fases: sólida, líquida e gasosa.

O produto da fase sólida, essencialmente conhecido como carvão, é maioritariamente constituído por carbono e tem pequenas proporções de outros elementos, consoante o tipo de plástico. O produto líquido é um material semelhante ao óleo e tem propriedades semelhantes às do gasóleo, uma vez que os plásticos são originalmente produtos derivados do petróleo. O produto da fase gasosa é conhecido como syngas (gás sintético), e também tem um bom valor calorífico.

Vantagens

Permite a reciclagem de resíduos de plásticos mistos que não podem ser reciclados de forma eficiente por meios alternativos.

Permite a reciclagem de plásticos não lavados e sujos (por exemplo, plásticos agrícolas, películas de cobertura vegetal/silagem/estufa e tubos de gotejamento/irrigação). Permite a reciclagem de laminados plásticos, co-extrusões e películas de embalagem multicamadas, em especial as que contêm camadas de folha de alumínio, que são difíceis de reciclar utilizando a tecnologia de reprocessamento tradicional. O processo de pirólise é complexo e exige elevados custos operacionais e de investimento.

Desvantagens

As cinzas produzidas contêm um elevado teor de metais pesados, dependendo das concentrações no fluxo a ser processado. Os processos não contínuos (descontínuos) não são comercialmente viáveis e os depósitos de coque e carbono nas superfícies de permuta de calor podem criar problemas.

A aderência das partículas de areia nos processos de leito fluidizado também pode causar estragos.

Incentivo

A prática da queima de resíduos na presença de oxigénio em quantidade excessiva para a degradação térmica dos resíduos é designada por incineração.

A incineração é uma reação química em que o hidrogénio, o carbono e outros elementos presentes nos resíduos se misturam com o oxigénio na zona de combustão, gerando calor. O CO_2, CO, os óxidos de azoto e o vapor de água são alguns dos principais gases produzidos pelo processo de incineração.

A zona de combustão do incinerador é concebida entre 900°C e 1100°C para garantir uma combustão adequada e a eliminação do odor dos resíduos.

A temperatura, a turbulência, o tempo e o fluxo de ar são corretamente concebidos para que o incinerador minimize a emissão de gases

Vantagens

O elevado poder calorífico dos resíduos de plástico produz uma grande quantidade de energia.

O CO_2 e outros óxidos são produzidos pela decomposição térmica do material orgânico e a energia pode ser recuperada para a obtenção de mais energia/calor.

Os projectos de energia a partir de resíduos constituem um substituto para a combustão de combustíveis fósseis, uma vez que se trata de um processo exotérmico.

O volume dos resíduos é reduzido pelo processo de incineração. Para além da incineração, o ambiente de alta temperatura conduzirá à decomposição de componentes plásticos tóxicos, como o benzeno, etc.

Deposição em aterro

A deposição em aterro é uma técnica antiga para lidar com os resíduos de plástico. Tal como qualquer outro resíduo dos RSU, os resíduos de plástico são transportados para o aterro mais próximo. A parte orgânica húmida dos RSU é decomposta pelos microrganismos, mas os resíduos de plástico, por não serem biodegradáveis, continuam a consumir o espaço, reduzindo assim a vida útil de um aterro. Também se pode dizer que os resíduos de plástico criam perturbações estéticas e visuais e podem gerar lixiviados contendo produtos químicos perigosos que escapam do sistema inadequado de recolha de lixiviados e podem acabar no lençol freático, contaminando a água.

Vantagens

A opção de gestão mais barata e mais fácil

Requer menos conhecimentos técnicos Sequestro de carbono.

Solução estética e ambientalmente aceitável se for corretamente gerida e monitorizada .

Os aterros sanitários projectados são sempre uma melhor opção do que a eliminação irregular e a queima descontrolada de resíduos de plástico.

Desvantagens

Devido à sua baixa densidade, consomem muito espaço e energia para a compactação do transporte.

A baixa biodegradabilidade dos plásticos interfere com a utilização dos aterros fechados como local de recreio, dificultando o crescimento de plantas na zona. Os revestimentos protectores utilizados nos aterros para separar os resíduos do solo e dos recursos hídricos subterrâneos podem apresentar fugas ou rupturas ao longo do tempo, o que representa um risco a longo prazo de contaminação do solo e das águas subterrâneas.

Co-processamento de resíduos plásticos no forno de cimento

Co-processamento de resíduos de plástico como combustível alternativo e matéria-prima (AFR). O co-processamento indica a substituição do combustível primário e da matéria-prima por resíduos. Uma das vantagens do método de recuperação utilizado nas instalações existentes é a eliminação da necessidade de investir noutras práticas relativas aos resíduos de plástico e de garantir o seu aterro.

Apresentam-se de seguida diferentes pontos de alimentação que podem ser utilizados para alimentar os resíduos de plástico no processo de produção de cimento.

- O queimador principal na extremidade de saída do forno rotativo
- A extremidade de entrada do forno rotativo
- O pré-calcinador
- O forno intermédio (para fornos longos secos e húmidos)

Utilização de resíduos de plástico na construção de estradas

Verificou-se que as estradas construídas com resíduos de plástico, popularmente conhecidas como estradas de plástico, têm um melhor desempenho do que as estradas construídas com betume convencional

As estradas de plástico utilizam principalmente sacos de plástico, copos descartáveis e garrafas PET que são recolhidos das lixeiras como um ingrediente importante do material de construção.

Quando misturados com betume quente, os plásticos fundem-se para formar uma camada oleosa sobre o agregado e a mistura é colocada na superfície da estrada como uma estrada de alcatrão normal.

Propriedades do plástico para a construção de estradas

- Durável e resistente à corrosão

- Boa pasta

- Económico, vida útil mais longa

- Sem manutenção

- Facilidade de processamento/ instalação

- Peso leve

- Melhora o valor agregado do impacto

  . Aumenta o ponto de fusão do betume

Vantagens da utilização de plástico no fabrico de estradas

Estrada mais forte com maior valor de estabilidade Marshall.

Melhor resistência à água da chuva e à estagnação da água

Não há decapagem nem buracos.

Aumenta a aglutinação e melhora a ligação da mistura.

Redução dos poros no agregado e, por conseguinte, menos cio e desnivelamento.

Nenhum efeito de radiação como UV.

A resistência da estrada é aumentada em 100%.

A carga resiste aos aumentos de propriedade. Ajuda a satisfazer as necessidades actuais de aumento do transporte rodoviário.

Para uma estrada de 1km X 3,75m, é utilizada 1 tonelada de plástico (10 lakh sacos de transporte) e é poupada 1 tonelada de betume.

O custo da construção de estradas também é reduzido.

O custo de manutenção da estrada é quase nulo.

A eliminação dos resíduos de plástico deixará de ser um problema.

A utilização de resíduos de plástico na estrada ajudou a criar um local mais adequado para enterrar os resíduos de plástico sem causar problemas de eliminação

Desvantagens da estrada de plástico

Processo de limpeza - Os produtos tóxicos presentes nos resíduos de plástico co-misturados começariam a lixiviar.

Durante o processo de assentamento da estrada, na presença de cloro, é libertado um gás HCL nocivo.

Após o assentamento da estrada - Considera-se que a primeira chuva desencadeará a lixiviação. Uma vez que os plásticos apenas formarão uma camada pegajosa (abrasão mecânica).

Os elementos que compõem a estrada, uma vez construída, são os seguintes

Processo de limpeza - Os produtos tóxicos presentes nos resíduos de plástico co-misturados começariam a lixiviar.

Durante o processo de assentamento da estrada, na presença de cloro, é libertado um gás HCL nocivo.

Após o assentamento da estrada - Considera-se que a primeira chuva desencadeará a lixiviação. Uma vez que os plásticos apenas formarão uma camada pegajosa (abrasão mecânica).

Os componentes da estrada, uma vez colocados, não são inertes.

Alternativa ao plástico convencional

Os plásticos são designados "verdes" se apresentarem uma ou mais das seguintes propriedades

- Renovabilidade das fontes

- Biodegradabilidade/Compostabilidade após o fim de vida
- Processamento amigo do ambiente

Os plásticos verdes são amplamente divulgados como uma possível solução para as preocupações relativas à utilização dos plásticos tradicionais à base de petróleo.

Plástico compostável

O plástico compostável é aquele que cumpre todas as normas cientificamente reconhecidas de compostabilidade, independentemente da origem do carbono.

A norma europeia é a EN 13432 e a norma americana é a ASTM D6400

Mineralização

- 90 por cento de conversão em dióxido de carbono, água e biomassa através da ação de microorganismos
- A mesma taxa de degradação que outros resíduos orgânicos (por exemplo, folhas, relva ...
- Período de tempo igual ou inferior a 180 dias

2. Fragmentação

Não mais de 10% do peso seco original do material de ensaio não deve passar por um peneiro de fração de 2 mm.

O impacto no ambiente

- Não é negativoO plástico compostável é um subconjunto do plástico biodegradável que se decompõe nas condições e nos períodos de tempo durante o processo de compostagem
- O plástico compostável é sempre biodegradável

- O plástico biodegradável nem sempre é compostável

Impacto na flora e na fauna

Biodegradável vs. compostável

- O plástico compostável é um subconjunto do plástico biodegradável que se decompõe nas condições e nos períodos de tempo durante o processo de compostagem
  - O plástico compostável é sempre biodegradável
  - O plástico biodegradável nem sempre é compostável

O que é o Bioplástico

- O termo bioplástico não se refere apenas a plásticos biodegradáveis ou compostáveis feitos de materiais naturais.
- O nome também é aplicado aos plásticos derivados do petróleo que são degradáveis, aos plásticos derivados de plantas que não são necessariamente biodegradáveis e aos plásticos que contêm materiais derivados do petróleo e de plantas que podem ou não ser biodegradáveis.
- Essencialmente, os bioplásticos são de base biológica, biodegradáveis ou ambos.
- O termo "de base biológica" significa que o material ou produto é, pelo menos em parte derivados de biomassa (plantas)
- Pode ser um polímero natural ou um plástico sintético feito de macromoléculas orgânicas derivadas de recursos biológicos.
- Para ser classificado como um material de base biológica, deve ser de origem orgânica e conter uma determinada percentagem de carbono novo derivado de recursos biológicos
  - Esta definição é a base da ASTM D6866
  - Plástico biodegradável

• Biodegradável refere-se geralmente a uma substância que pode ser decomposta por microorganismos no ambiente num determinado período de tempo.

• A biodegradação efectiva requer condições ambientais específicas, incluindo a temperatura e o nível de arejamento, permitindo que os microrganismos convertam os materiais naturais noutras substâncias naturais, como o composto, a água e o dióxido de carbono.

• No caso dos bioplásticos, a biodegradabilidade está diretamente relacionada com a estrutura química e não necessariamente com a origem das matérias-primas.

Bioplásticos

A gama de plásticos biodegradáveis disponíveis inclui:

• Produtos à base de amido, incluindo amido termoplástico, misturas de amido e poliéster alifático sintético, e misturas de amido e PVOH.

• Polímero solúvel em água, como o álcool polivinílico e o álcool etileno vinílico.

• Poliésteres produzidos naturalmente, incluindo PVB, PHB e PHBH.

• Poliésteres de recursos renováveis, como o PLA.

• Poliésteres alifáticos sintéticos, incluindo PCL e PBS.

• Co-poliésteres alifático-aromáticos (AAC).

• Poliéster hidro-biodegradável, como o PET modificado.

• Plásticos foto-biodegradáveis.

• Lotes principais de aditivos de degradação controlada.

• Reduz ou elimina os GEE na produção

• Requer menos ou nenhum petroquímico

- Reduzem a utilização de combustíveis fósseis e a dependência de recursos não renováveis.

- O processo de fabrico pode utilizar até 65% menos energia e gera menos gases com efeito de estufa do que o plástico convencional.

- Alguns são biodegradáveis e/ou compostáveis.

- Alguns podem ser reciclados juntamente com os plásticos convencionais.

- Alguns não são tóxicos e são seguros para uso médico e interno.

- Reduz ou elimina os GEE na produção

- Requer menos ou nenhum petroquímico

- Reduzem a utilização de combustíveis fósseis e a dependência de recursos não renováveis.

- O processo de fabrico pode utilizar até 65% menos energia e gera menos gases com efeito de estufa do que o plástico convencional.

- Alguns são biodegradáveis e/ou compostáveis.

- Alguns podem ser reciclados juntamente com os plásticos convencionais.

- Alguns não são tóxicos e são seguros para uso médico e interno.

Regras de gestão de resíduos de plástico para vários organismos.

A gestão dos resíduos de plástico pelas autarquias locais urbanas na sua jurisdição respectiva é a seguinte

(a) Os resíduos de plástico, que podem ser reciclados, devem ser canalizados para uma empresa de reciclagem de resíduos de plástico registada e a reciclagem de plástico deve estar em conformidade com a norma indiana: IS 14534:1998, intitulada "Directrizes para a reciclagem de plásticos", com as alterações que lhe forem introduzidas.

(b) Os organismos locais devem incentivar a utilização de resíduos de plástico (de preferência os resíduos de plástico que não podem ser reciclados) para a construção de estradas, de acordo com as directrizes do Congresso Rodoviário Indiano, a recuperação de energia ou a transformação de resíduos em óleo, etc. As normas e as regras de controlo da poluição especificadas pela autoridade competente para estas tecnologias devem ser respeitadas.

(c) Os resíduos de plástico termoendurecido devem ser processados e eliminados de acordo com as directrizes emitidas periodicamente pelo Conselho Central de Controlo da Poluição.

Os inertes provenientes de instalações de reciclagem ou transformação de resíduos de plástico devem ser eliminados em conformidade com as Regras de Gestão de Resíduos Sólidos de 2000 ou com as suas alterações periódicas.

Responsabilidade do organismo local

(1) Cada entidade local é responsável pelo desenvolvimento e criação de infra-estruturas para a separação, recolha, armazenamento, transporte, transformação e eliminação dos resíduos de plástico, quer por si própria, quer através da contratação de agências ou produtores.

(2) A entidade local é responsável pela criação, operacionalização e coordenação do sistema de gestão de resíduos e pelo desempenho das funções associadas, nomeadamente

(a) Assegurar a separação, recolha, armazenamento, transporte, tratamento e eliminação dos resíduos de plástico.

(b) assegurar que não sejam causados danos ao ambiente durante este processo.

(c) assegurar o encaminhamento da fração de resíduos de plástico reciclável para os operadores de reciclagem.

(d) Assegurar o tratamento e a eliminação da fração não reciclável dos resíduos de plástico em conformidade com as orientações emitidas pelo Conselho Central de Controlo da Poluição.

(e) sensibilizar todas as partes interessadas para as suas responsabilidades.

(f) Envolvimento das sociedades civis ou grupos que trabalham com os recolhedores; e

(g) Assegurar que os resíduos de plástico não sejam queimados a céu aberto.

(3) Para a criação de um sistema de gestão dos resíduos de plástico, a entidade local deve solicitar a assistência dos produtores e esse sistema deve ser criado no prazo de um ano a contar da data de publicação final das presentes regras na Gazeta Oficial da Índia.

A entidade local deve adotar um regulamento interno que integre as disposições do presente regulamento:

Regras de gestão dos resíduos de plástico

• De acordo com as Regras de Gestão de Resíduos de Plástico de 2016 (que foram alteradas em 2018), as empresas que utilizam plástico nos seus processos (embalagem e produção) têm a responsabilidade de garantir que todos os resíduos de plástico resultantes são eliminados de forma segura.

• As regras prescrevem um sistema de responsabilidade alargada dos produtores (REP) ao abrigo do qual as empresas são obrigadas a especificar objectivos de recolha, bem como um calendário para este processo no prazo de um ano após a entrada em vigor das regras, em março de 2016.

• A52 empresas, incluindo a Amazon, a Flipkart, a Danone Foods and Beverages e a Patanjali Ayurved Limited, ainda não divulgaram os seus planos de alienação.

Gestão dos resíduos de plástico: Cenário atual

• De acordo com as estimativas do Conselho Central de Controlo da Poluição (CPCB) feitas em 2015, as cidades indianas geram cerca de 15 000 toneladas de resíduos de plástico por dia, das quais 70% acabam como resíduos.

• Cerca de 40% dos resíduos de plástico da Índia, que não são recolhidos nem reciclados, acabam por poluir a terra e a água.

• No entanto, as embalagens de plástico têm sido apontadas como um dos principais contribuintes para os resíduos de plástico.

• Na Índia, prevê-se que o comércio eletrónico cresça de cerca de 38,5 mil milhões de dólares equivalentes em 2017 para 200 mil milhões de dólares até 2026. Dado o papel desempenhado pelas embalagens, o problema da gestão dos resíduos é suscetível de se tornar alarmante.

• O Inquérito Económico de 2019 estima que a procura de material total da Índia duplicará até 2030, às taxas de crescimento actuais.

Caminho a seguir

• Os plásticos são menos dispendiosos quando comparados com outros materiais de fabrico. A reciclagem de plásticos em novos produtos prolonga a sua vida útil e constitui um substituto para o material virgem. Além disso, mantê-los fora do ambiente reduz os custos de limpeza e poluição.

• Os retalhistas em linha devem ser obrigados a recolher os milhares de sacos de polietileno, envelopes de plástico e almofadas de ar utilizados para amortecer os artigos dentro das caixas de cartão. À semelhança de outros mercados desenvolvidos, que estão a experimentar etiquetas nas embalagens com instruções claras de reciclagem.

• As empresas de comércio eletrónico podem explorar a criação de cooperativas de resíduos, empregando recolhedores informais, e os consumidores devem ser incentivados a devolver os resíduos de plástico separados.

• As autoridades municipais e de controlo da poluição devem também ser responsabilizadas pelos erros cometidos.

Referências

1.Be Waste Wise (2019, março) - "Resíduos de plástico e a sua Gestão". Publicado online em bio energy consult.com. Recuperado de "https://www.bioenergyconsult.com/plastic-wastes-management"[Em linha
Recurso]

2. Ross Marchand (2019, 15 de julho) - "O 'problema' do lixo da América é inventado por dados rasgados". Publicado online em bioenergyconsult.com.Retrieved from "https://catalyst.independent.org/2019/07/15/americas-garbage-problem-
inventado-por-trashy-data/ "[OnlineResource]

3. Ross Marchand (2016, 15 de setembro) - "Methods of Plastic Waste Disposal (and possible complications)". Publicado online emhttp://blog.nus.edu.sg/.
Obtido em "http://blog.nus.edu.sg/plasticworld/2016/09/06/x-methods-
of-plastic-waste-disposal-and-possible-complications/" [OnlineResource]

4. Sourav Daspatnaik - "Finding Solutions to Plastic Waste Management
Na Índia". Publicado online em ecoideaz.com.br. Obtido de "https://www.ecoideaz.com/expert-corner/finding-solutions-to-plastic-gestão de resíduos na índia" [recurso em linha].

5. North EJ, Halden RU. Plastics and Environmental Health (Plásticos e saúde ambiental): TheRoadAhead. Rev Environ Health. 2013; 28(1):1–8.doi:10.1515/reveh-2012-00307. Zhiqiang Gan, Houjin Zhang - "PMBD: a Comprehensive

6.Plastics Microbial Biodegradation Database", Base de dados, Volume 2019, "Bacterial degradation of synthetic plastics". CNRS, UMR 7621,Laboratoire d'Océanographie Microbienne, Observatoire Océanologique, F-66650 Banyuls/mer,França

7.. PNUA (2018). Plásticos de utilização única: Um roteiro para a sustentabilidade.
ISBN:978-92- 807-3705-9DTI/2179/JP10. Status and challenges ofmunicipal solid waste management in India (Situação e desafios da gestão municipal de resíduos sólidos na Índia): Areview, Rajkumar Joshi &
Sirajuddin Ahmed, Cogent EnvironmentalScience (2016), 2: 1139434.GIS
REVISTA DE CIÊNCIAVOLUME 7, NÚMERO 2, 2020NÚMERO DE SÉRIE: 1869-
9391PÁGINA Nº: 31

8.. NPWMTF, (1997). Grupo de Trabalho Nacional para a Gestão de Resíduos de Plásticos
(NPWMTF)15Report, Ministério do Ambiente e das Florestas, Governo da Índia, Nova Deli.

9.. Bose, R.K., Vasudeva, G., Gupta, S., e Sinha, C. (1998). India's Environment
Pol-17lution and Protection, TERI-Report No. 97ED57. Central Research Institute of Electric18Power Industry, CRIEPI, Nova Deli.19

10. OTA, (1992). Green Products by Design: Choices for a Cleaner Environment,20OTA-E-541, Office of Technology Assessment, U.S. Government Printing Office,21Washington, DC.22

11. Staniˇskis, J. (2005). Gestão integrada de resíduos: Conceito e implementação.23Investigação, Engenharia e Gestão Ambiental 33(3): 40-46.24

12. NIUA, (1989). Melhoria dos Serviços Municipais, Normas e Implications, Nova Deli: Instituto Nacional de Assuntos Urbanos.2613. TERI, (1998). Solid Wastes in Looking Back to Think Ahead: GREEN India 2047, Nova27Delhi: Tata Energy Research Institute.28

14. Bhide, A.D. e Sundaresan, B.B. (1983). Gestão de resíduos sólidos em Developing Countries, Nova Deli: Centro Nacional de Documentação Científica da Índia.

15. Geldern, V. (1993). 'W Wege aus dem Wohstandsmu´ll', v. Hase und Ko´hler, Mainz.31

16. Baum, B. e Parker, C.H. (1974). Solid Waste Disposal, Volume 1, Incineration And Landfill, Michigan: Ann Arbor Science Publishers Inc.33

17. Scheirs, J. (1998). Polymer Recycling, W. Sussex: J. Wiley & Sons.34

18. Kaminski, W., Schlesselmann, B., e Simon, C. (1995). Olefinas de poliolefinas e35plásticos mistos por pirólise. Journal of Analytical and Applied Pyrolysis 32: 19-27.36

19. Uddin, A., Koizumi, K., Murata, K., e Sakata,Y. (1997). Térmica e catalítica

degradação de tipos estruturalmente diferentes de polietileno em fuelóleo. Polymer Degradation and Stability 56: 37-44.39

20. Aguado, J. e Serrano, D.P. (1999). In: Feedstock Recycling of Plastic Wastes,

J.H.40Clark, (Ed.), Cambridge: The Royal Society of Chemistry.41

21. Giugliano, M., Grosso, M., e Rigamonti, L. (2008). Energy recovery from Municipal waste: A case study for a middle-sized Italian district. Waste

Gestão 28: 39-50.43

22. Klein, A. (2002). Gasification: An Alternative Process for Energy Recovery and Disposal of Municipal Solid Wastes [disponível em www.columbia.edu/cu/earth, citado em4524 de outubro de 2008].4623. Murphy, J.D. e McKeogh, E. (2004). Technical, economic and

análise ambiental da produção de energia a partir de resíduos sólidos urbanos.

Energias renováveis

24: 1043-21057.329. Baggio, P., Fedrizzi, S., Grigliante, M., e Ragazzi, M. (2003). Indagini ambientali e4valutazione dei rischi dei processi di

termovalorizzazione (Avaliações ambientais5 e análise de risco das tecnologias de conversão térmica). Rifiuti Solidi. (6): XVII.6

25. IEA Bioenergy e IEA CADDET, (1998). Conversão térmica avançada

Tech-7nologies for Energy from Solid Waste [disponível em http://www.caddet.org, citado em 824 de novembro de 2008.9

26. O'Mara, M.M. (1970). Pirólise a alta temperatura do poli (cloreto de vinilo):
Análise espectrométrica de massa por cromatografia gasosa10 dos produtos de pirólise de resina de PVC11 e plastisóis. Journal of Applied Polymer Science 8(7): 1887-1899.12

27.. Barlaz, M.A., Ham, R.K., e Schaefer, D.M. (1989). Mass-balance analysis of anaer-13obically decomposed refuse (Análise do balanço de massa de resíduos decompostos anaerobicamente). Journal of Environmental Engineering 115: 1088-1102.14

28. Bonhomme, S., Cuer, A., Delort, A.M., Lemaire, J., Sancelme, M., e Scott, C. (2003).15Biodegradação ambiental do polietileno. Polymer Degradation and Stability 81:16441-452.17

29. Potts, J.E. (1978). Biodegradação. In: Aspect of Degradation and Stabilization of 18Polymers, H.H.G. Jelinek (Eds.), Nova Iorque: Elsevier.19

30. Otake, Y., Kobayashi, T., Ashabe, H., Murakami, N., e Ono, K. (1995).
Biodegradação de polietileno de baixa densidade, poliestireno, cloreto de polivinilo e resina de ureia-formaldeído enterrados no solo durante mais de 32 anos. Journal of Applied Polymer22Science 56: 1789-1796.23

31. Tsuchii, A., Suzuki, T., e Takahara, Y. (1977). Degradação microbiana do estireno24oligómero. Agricultural and Biological Chemistry 41: 2417-2421.2532. Kirbas, Z., Keskin, N., e Guner, A. (1999). Biodegradação de
cloreto de polivinilo26 (PVC) por fungos da podridão branca. Boletim de Meio Ambiente

Contaminação e Toxicologia2763: 335-342.28

33. Kakuta,Y., Hirano, K., Sugano, M., e Mashimo, K. (2008). Study on chlorine removal29from mixture of waste plastics. Gestão de Resíduos 28: 615-621.30

34. Ali, M.F., Siddiqui, M.N., e Redhwi, S.H.H. (2004). Study on the conversion of waste31plastics/petroleum resid mixtures to transportation fuels. Journal of Material Cycles32and Waste Management 6: 27-34.33

35. CPMA, (2000). Chemicals and Petrochemicals. Chemical & Petrochemicals34Manufacturers Association, Nova Deli, 2(1): 17-23.35

36. NEERI, (2005). Comprehensive Characterization of Municipal Solid Waste at Calcutta,36Kolkata, India: Instituto Nacional de Investigação em Engenharia Ambiental.37

37. U.S. EPA (1994) Characterization of Municipal Solid Waste in the United States:199438, Update, Washington, DC: Gabinete de Resíduos Sólidos.39

yes
I want morebooks!

Buy your books fast and straightforward online - at one of world's fastest growing online book stores! Environmentally sound due to Print-on-Demand technologies.

Buy your books online at
www.morebooks.shop

Compre os seus livros mais rápido e diretamente na internet, em uma das livrarias on-line com o maior crescimento no mundo! Produção que protege o meio ambiente através das tecnologias de impressão sob demanda.

Compre os seus livros on-line em
www.morebooks.shop

Printed by Books on Demand GmbH, Norderstedt / Germany